中等职业教育课程改革国家规划新教材配套教学用书·电工电子系列

# 电子技术基础与技能练习(实验)

DIANZIJISHUJICHUYUJINENGLIANXI(SHIYAN)

俞雅珍　黄艳飞　编

**图书在版编目（CIP）数据**

电子技术基础与技能练习（实验）/俞雅珍，黄艳飞编. —上海：复旦大学出版社，
2012.9（2023.1 重印）
ISBN 978-7-309-07398-0

Ⅰ. 电⋯　Ⅱ.①俞⋯②黄⋯　Ⅲ. 电子技术-专业学校-习题　Ⅳ. TN

中国版本图书馆 CIP 数据核字（2010）第 124039 号

**电子技术基础与技能练习**（实验）
俞雅珍　黄艳飞　编
责任编辑/梁　玲

复旦大学出版社有限公司出版发行
上海市国权路 579 号　邮编：200433
网址：fupnet@fudanpress.com　http://www.fudanpress.com
门市零售：86-21-65102580　团体订购：86-21-65104505
出版部电话：86-21-65642845
江苏句容市排印厂

开本 787×1092　1/16　印张 5.25　字数 115 千
2012 年 9 月第 1 版
2023 年 1 月第 1 版第 6 次印刷

ISBN 978-7-309-07398-0/T·379
定价：20.00 元

中等职业教育课程改革国家规划新教材配套教学用书·电工电子系列

# 丛书编审委员会

**顾　问**　王威琪(中国工程院院士)

**主　任**　徐寅伟　邬小玫　杜荣根

**委　员**(按姓氏笔画排列)

勾承利　王于州　王宝根　王惠军　孙义芳　孙福明

江可万　张友德　李立刚　李关华　杨靖非　陈　欢

周兴林　俞雅珍　袁　辉　康　红　符　鑫　黄天元

黄　杰　黄琴艳　曾明奇　魏寿明

# 出版说明

　　为贯彻《国务院关于大力发展职业教育的决定》（国发〔2005〕35号）精神，落实《教育部关于进一步深化中等职业教育教学改革的若干意见》（教职成〔2008〕8号）关于"加强中等职业教育教材建设，保证教学资源基本质量"的要求，确保新一轮中等职业教育教学改革顺利进行，全面提高教育教学质量，保证高质量教材进课堂，教育部对中等职业学校德育课、文化基础课等必修课程和部分大类专业基础课教材进行了统一规划并组织编写，从2009年秋季学期起，国家规划新教材将陆续提供给全国中等职业学校选用．

　　国家规划新教材是根据教育部最新发布的德育课程、文化基础课程和部分大类专业基础课程的教学大纲编写，并经全国中等职业教育教材审定委员会审定通过的．新教材紧紧围绕中等职业教育的培养目标，遵循职业教育教学规律，从满足经济社会发展对高素质劳动者和技能型人才的需要出发，在课程结构、教学内容、教学方法等方面进行了新的探索与改革创新，对于提高新时期中等职业学校学生的思想道德水平、科学文化素养和职业能力，促进中等职业教育深化教学改革，提高教育教学质量将起到积极的推动作用．

　　希望各地、各中等职业学校积极推广和选用国家规划新教材，并在使用过程中，注意总结经验，及时提出修改意见和建议，使之不断完善和提高．

教育部职业教育与成人教育司

2010年6月

# 前 言

　　本书是《电子技术基础与技能》教材的配套用书,本书依据教育部颁布的教学大纲、结合社会经济发展对职教人才的培养要求,以及职业教育本身的需求编写而成.

　　本书内容丰富,共编写了 25 个实验.基本上涵盖了模拟电子技术和数字电子技术的基础实验,有基本电子电路连接、测试,直流稳压电源、函数信号发生器、示波器等电子仪器的使用.这些实验可作为教师实验教学的演示内容,教师在现场能立即把知识、技能生动地展现给学生;学生也完全有能力亲自参与这些实验,去体验理论与实践的有机结合,给学习带来无比的乐趣和巨大的收获.

　　本书所有实验作者在教学过程中全部做过,而且作者把自己多年从事职业教育的积累融合在所写内容中,是作者多年教学过程中实践性教学成果的小结.实践证明,作者所教的学生基本上都能完成这些实验.

　　本书有以下特点:

　　1. 实验内容突出基础性和重点性

　　本书所写实验电路突出电子技术基本概念,二极管单向导电性、整流,三极管电流放大作用,共射电压放大,与、或、非基本门电路,编码、译码,计数,脉冲产生等基本概念都包含在其中.

　　2. 实验内容安排符合认知规律

　　每一个实验内容的安排基本上符合由外至内、由表及里、由简单到复杂的认识过程.

　　3. 实验操作具备可靠性

　　25 个实验电路中所用元器件参数具有做得出、做得好的可靠性,电路结构都是作者经过实践检验过的.

4. 使用具有灵活性

本书推荐了 25 个实验,各学校完全可以依据学校自身的具体情况及实际教学时数自行选做其中的实验.

本书由俞雅珍、黄艳飞编写.

由于编写水平有限,难免有不妥与疏漏之处,敬请各位同仁和读者批评指正.

编　者

2012 年 6 月

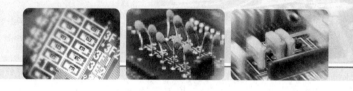

# 目 录

实 验 一

# 二极管单向导电性测试

## 一、实验目标

1. 认识二极管的外形和正极、负极；

2. 会用万用表电阻档检测二极管电阻；

3. 观察二极管单向导电现象，并记录相关电流电压.

## 二、实验准备

1. 实验台（配有直流电源、直流电压表、电流表）；

2. 二极管三个：2AP7、2CZ52C、1N4148 各一个，其他型号也可；

3. 连接导线若干；

4. 指针式万用表一只（型号 MF47，其他型号也可）.

## 三、实验任务及步骤

**1. 用万用表测二极管电阻.**

（1）将万用表置于"R×1K"档，并调零.

（2）将万用表黑表笔接某二极管正极、红表笔接二极管负极，测得二极管正向电阻，记录该二极管正向电阻值并填入表 1-1 中.

（3）将万用表黑表笔接某二极管负极，红表笔接二极管正极，测得二极管反向电阻，记录该二极管反向电阻值并填入表 1-1 中.

（4）按上述步骤对三种型号的二极管电阻逐一测试，并将测试结果填入表 1-1.

（5）鉴别所测二极管的单向导电性，并说明理由.

表 1-1

| 序号 | 型 号 | 正向电阻(kΩ) | 反向电阻(kΩ) | 鉴别单向导电性好坏并说明理由 |
|------|--------|--------------|--------------|------------------------------|
| 1 | 2AP7 | | | |
| 2 | 2CZ52C | | | |
| 3 | 1N4148 | | | |

**2. 通电测试二极管的单向导电性.**

（1）测试电路如图 1-1 和图 1-2.

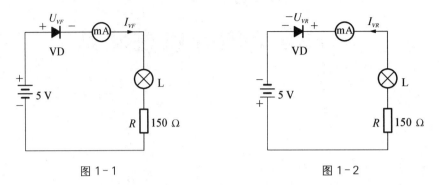

图 1-1　　　　　　　　　图 1-2

（2）按图 1-1 接线(指示灯长引出端接高电位)，观察指示灯发光情况，并记录导通电流、测相关电压于表 1-2 中；

（3）按图 1-2 接线，观察指示灯发光情况，并记录相关电流、测相关电压于表 1-2 中.

表 1-2

| | $U_{VF}$ | $I_{VF}$ | $U_{VR}$ | $I_{VR}$ | 灯的亮暗 |
|---|---|---|---|---|---|
| 正偏(图 1-1) | | | | | |
| 反偏(图 1-2) | | | | | |

# 四、实验小结

1. 本次实验中，你是怎样判别二极管正极、负极的?

2. 二极管的导电性与外加电压有何关系？

3. 二极管正偏时,其端电压 $U_{VF}$ 约为多少? 二极管反偏时,反向电流 $I_{VR}$ 约为多少?

# 二极管单相半波整流电路测试

## 一、实验目标

1. 认识半波整流电路;
2. 会用万用表测电路参数;
3. 初步体验用示波器显示半波整流输入、输出电压波形,并正确读出波形峰值、周期等参数,并换算电压有效值、频率.

## 二、实验准备

1. 实验台(配有交流电源、直流电压表、直流毫安表);
2. 二极管 1N4007 一个(其他型号也可),1 kΩ 电阻器一个;
3. 连接导线若干;
4. 指针式万用表一只(型号 MF47,其他型号也可);
5. 双踪示波器一台;
6. 双踪示波器 XJ4632 面板示意图一张.

## 三、实验任务及步骤

1. 按图 2-1 接线,输入端接交流电压 $u_2$,其有效值为10 V.

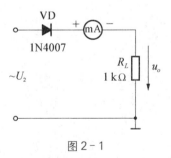

图 2-1

2. 电路接线检查正确后,用万用表测量电路参数(记录时,需写明单位):
(1) 用万用表交流电压档测输入交流电压有效值$U_2 = $_____;
(2) 用万用表直流电压档测输出直流电压值$U_o = $_____;
(3) 用直流毫安表测负载流过直流电流 $I_o = $_____.
3. 将输入电压 $u_2$ 接入示波器信号通道 1(CH1),将输出电压 $u_o$ 接入示波器信号通道

2(CH2),在示波器 XJ4632 型面板图已发的情况下,仿照教师演示实验或在教师的指导下调节示波器相关旋钮、开关,使示波器屏幕上出现两个稳定的、幅度合适的、便于测量的电压信号波形.

如图 2-2 所示,示波器 XJ4632 型面板上各主要旋钮、开关位置的调节建议如下(若用其他型号示波器,同样可作类似介绍):

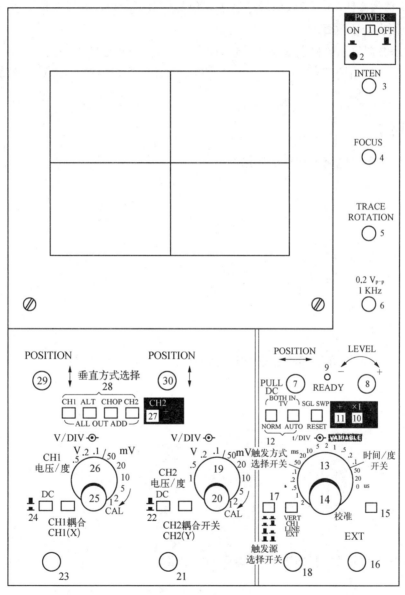

图 2-2

(1) 垂直方式选择开关(序号 28)选择"CHOP",即将 CHOP 按钮按下;

(2) 时间/度旋钮即 t/DIV 开关(序号 13)置于"10 ms"或"5 ms"档,t/DIV 的微调旋钮(序号 14)置于"校准"位置;

(3) 触发方式选择开关(序号 12)置于"AUTO"(自动扫描)位置;

（4）触发源选择开关(序号17)置于"CH1"位置；

（5）信号通道1、2耦合开关(序号22、24)置于"DC"位置；

（6）信号通道1、2电压/度即V/DIV开关(序号19、26)置于"1 V"档；

（7）信号通道1、2电压/度微调旋钮(序号20、25)置于"校准"位置；

（8）水平移位旋钮(序号7)、信号通道1移位旋钮(序号29)、信号通道2移位旋钮(序号30)需临场控制在合适位置.

4. 根据示波器显示屏幕上显示的波形，读出输入电压 $u_2$ 的峰-峰值 $U_{2p-p}=$ _____ V，负载上的电压 $u_o$ 的周期 $T=$ _____ ms，$u_o$ 的峰-峰值 $U_{op-p}=$ _____ V，并计算出 $u_o$ 的有效值 $U_o=$ _____ V.

## 四、实验小结

1. 二极管在整流电路中起什么作用？

2. 二极管 1N4007 在该实验电路中能安全使用吗？请说明其依据.

3. 单相半波整流电路的利用率较低，应如何改进？

# 3 实验三

# 单相半波整流电容滤波电路测试

## 一、实验目标

1. 认识电容滤波电路;

2. 初步学会用万用表检测滤波电容质量;

3. 会用万用表测相关电路参数;

4. 学会使用示波器测试电路输入、输出电压波形,并会读数.

## 二、实验准备

1. 实验台(配有交流电源、直流电压表、电流表);

2. 二极管 1N4007 一个,电解电容 220 μF/25 V,电阻器 1 kΩ(若采用其他型号二极管、其他参数电阻电容也可,但直流毫安表量程选用要考虑合适);

3. 连接导线若干;

4. 指针式万用表一只;

5. 双踪示波器一台.

## 三、实验任务及步骤

1. 按图 3 - 1 接线.

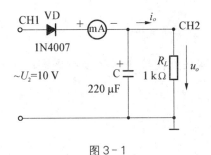

图 3 - 1

2. 电路接线检查正确后,用万用表测量电路参数(记录时需写明单位):

(1) 用万用表交流电压档测输入交流电压有效值 $U_2 =$ _____;

(2) 用万用表直流电压档测输出直流电压 $U_o =$ _____;

(3) 用直流毫安表测负载流过直流电流 $I_o =$ _____.

3. 将输入电压 $u_2$ 接入示波器信号通道 1(CH1)，将输出电压 $u_o$ 接入示波器信号通道 2(CH2)，调节示波器相关旋钮、开关，使示波器屏幕上出现两个稳定的、幅度合适的、便于测量的电压信号波形.

示波器 XJ4632 型面板上各主要旋钮、开关位置的调节建议如下：

(1) 垂直方式选择开关(序号 28)选择"CHOP"，即将 CHOP 按钮按下；

(2) 时间/度旋钮即 t/DIV 开关(序号 13)置于"10 ms"或"5 ms"档，t/DIV 的微调旋钮(序号 14)置于"校准"位置；

(3) 触发方式选择开关(序号 12)置于"AUTO"(自动扫描)位置；

(4) 触发源选择开关(序号 17)置于"LINE"位置(或 CH1 位置)；

(5) 信号通道 1、2 耦合开关(序号 22、24)置于"DC"位置；

(6) 信号通道 1、2 电压/度即 V/DIV 开关(序号 19)置于"1 V"档、(序号 26)置于"0.5 V"档；

(7) 信号通道 1、2 电压/度微调旋钮(序号 20、25)置于"校准"位置；

(8) 水平移位旋钮(序号 7)、信号通道 1 移位旋钮(序号 29)、信号通道 2 移位旋钮(序号 30)需临场控制在合适位置.

4. 根据示波器显示屏幕上显示的波形，读出负载上的电压 $u_o$ 的周期 $T =$ _____ ms，脉动电压 $u_o$ 的最大值与最小值差值 $\Delta u_o =$ _____.

# 四、实验小结

1. 滤波电容容量越大，滤波效果(脉动改善程度)越好还是越差？

2. 滤波电容为什么要并联在负载 $R_L$ 两端？这样做的目的是什么？

3. 滤波电容在并接时要注意什么?

4. 如何用万用表检测滤波电容的好坏?

实 验 四

# 单相桥式整流电容滤波电路测试

## 一、实验目标

1. 认识桥堆的外形和引出端;

2. 会将桥堆接入整流电路;

3. 会用万用表测相关电路参数;

4. 熟练使用示波器测试电路输入、输出电压波形,并会读数.

## 二、实验设备

1. 实验台(配有交流电源、直流电压表、电流表);

2. 桥堆(输入 3~30 V)一个、滤波电容 220 μF/25 V 一个,电阻器 1 kΩ 一个(若用其他型号也可);

3. 连接导线若干;

4. 指针式万用表一只;

5. 双踪示波器一台.

## 三、实验任务及步骤

1. 按图 4 - 1 接线.

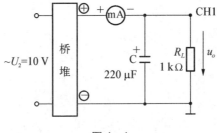

图 4 - 1

2. 电路接线检查正确后,用万用表测量电路参数(记录时需写明单位):

(1) 用万用表交流电压档测输入交流电压有效值 $U_2 =$ _____;

(2) 用万用表直流电压档测输出直流电压值 $U_o =$ _____;

(3) 用直流毫安表测负载流过直流电流 $I_o =$ _____.

3. 将输出电压 $u_o$ 接入示波器信号通道 1(CH1),调节示波器相关旋钮、开关,使示波器屏

幕上 $u_o$ 波形稳定后,根据波形读出 $u_o$ 的周期 $T=$ _____(强调示波器只采用单踪显示).

4. 填写示波器 XJ4632 型面板上各主要旋钮、开关的名称及位置(注意顺序不要乱)

(1) _____;

(2) _____;

(3) _____;

(4) _____;

(5) _____;

(6) _____;

(7) _____;

(8) _____.

## 四、实验小结

1. 采用桥式整流电容滤波和半波整流电容滤波时,$U_2$ 都为 10 V,输出 $U_o$ 哪个大? 为什么?

2. 桥堆有 4 个引出端,应该怎么正确连接?

# 实验五

# 稳压二极管反向伏安特性演示

## 一、实验目标

1. 亲眼目睹稳压二极管反向伏安特性；
2. 从图示仪上读出被测稳压管稳压值.

## 二、实验准备

1. 稳压管 1N4733(其他型号也可)一个；
2. XJ4810 图示仪一台.

## 三、实验任务及步骤

1. XJ4810 型晶体管特性图示仪的面板结构和测试台结构分别如图 5-1 和图 5-2 所示. 将稳压管插入 XJ4810 图示仪测试台(稳压管反偏).

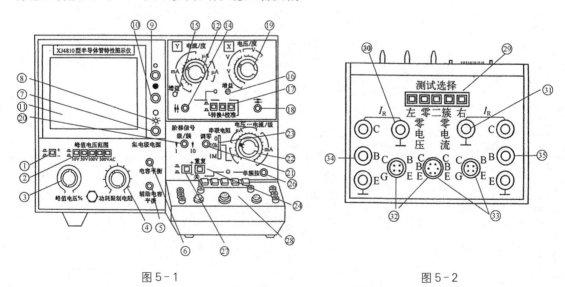

图 5-1                     图 5-2

① 集电极电源极性按钮　② 峰值电压范围　③ 峰值电压　④ 功耗限制电压　⑤ 辅助电容平衡　⑥ 电容平衡　⑦ 电源开关及辉度调节　⑧ 电源指示灯　⑨ 聚焦　⑩ 辅助聚焦　⑪ 显示屏幕　⑫ Y 轴选择　⑬ 电流/度倍率指示灯(图上未表示)　⑭ 垂直位移　⑮ Y 轴增益　⑯ X 轴增益　⑰ 显示按钮开关　⑱ X 轴移位　⑲ X 轴选择　⑳ 级/簇调节　㉑ 调零调节　㉒ 阶梯信号选择　㉓ 串联电阻开关　㉔ 重复/关按钮　㉕ 阶梯信号待触发指示灯(图中未表示)　㉖ 单簇极性开关　㉗ 极性按钮　㉘ 测试台　㉙ 测试选择按钮　㉚ 零电压按钮　㉛ 零电流按钮　㉜、㉝ 左右晶体管插座　㉞、㉟ 左右晶体管插座

如图 5-3 所示,若将稳压管的负极插入测试台左边插座的 C 孔,正极插入 E 孔,则应按下左边测试选择按钮;若将稳压管的负极插入测试台右边插座的 C 孔,正极插入 E 孔,则应按下右边测试选择按钮.

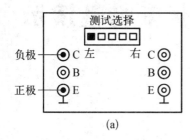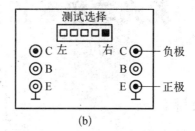

图 5-3

2. 根据稳压管稳压值选择峰值电压范围.

以 1N4733 为例,将峰值电压按下"10 V"档,峰值电压旋至最小.

3. 将 Y 方向电流/度置于"1 mA"档,X 方向电压/度置于"1 V"档.

4. 打开图示仪电源开关(拉出表示电源接通,电源指示灯亮).

5. 调节垂直位移、X 轴位移,使光点位于光屏左下角.

6. 旋动峰值电压旋钮,使稳压管反向伏安特性显示于光屏上.

7. 读出稳压管稳压值为_____V.

## 实验六

# 发光二极管正向伏安特性演示

## 一、实验目标

1. 亲眼目睹图示仪上显示的发光二极管正向伏安特性;
2. 从图示仪上读出被测发光二极管正向压降.

## 二、实验准备

1. 发光二极管(各种颜色均可)一个;
2. XJ4810 图示仪一台.

## 三、实验任务及步骤

1. 将发光二极管插入 XJ4810 图示仪测试台(发光二极管正偏),详见图 6-1.

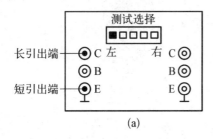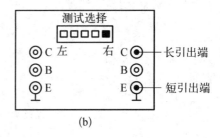

图 6-1

若将发光二极管的长引出端插入测试台左边插座的 C 孔,短引出端插入 E 孔,则应按下左边测试选择按钮;

若将发光二极管的长引出端插入测试台右边插座的 C 孔,短引出端插入 E 孔,则应按下右边测试选择按钮.

2. 选择峰值电压范围,本次选择"10 V"档按钮,峰值电压旋至最小.
3. 将 Y 方向电流/度置于"1 mA"档,X 方向电压/度置于"0.5 V"档.
4. 打开图示仪电源开关(拉出表示电源接通,电源指示灯亮).
5. 调节垂直位移、X 轴位移使光点位于光屏左下角.
6. 旋动峰值电压旋钮,使发光二极管正向伏安特性显示于光屏上.
7. 读出发光二极管正向压降 $U_F$ 为_____V.

实 验 七

# 三极管的电流放大作用测试

## 一、实验目标

1. 认识三极管的外形和引出端；
2. 用万用表检测三极管的质量（3DG6、9013 均可）；
3. 会用电流表测试三极管的电流放大作用.

## 二、实验准备

1. 实验台（配有直流电源）、电流毫安表两只、直流电压表一只；
2. 三极管（3DG6 或 9013）一个；
3. 电阻 10 kΩ 一个，电位器 100 kΩ 一个，电阻 1 kΩ 一个.

## 三、实验任务及步骤

1. 用万用表实测实验所使用三极管的质量.（两个 PN 结正向、反向电阻测量并判其质量好坏.）

2. 按图 7-1 即图 7-2 接线.

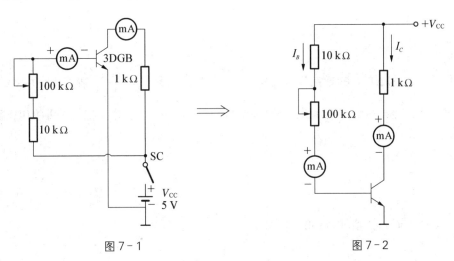

图 7-1                    图 7-2

3. 电路接线检查正确后，打开 5 V 直流稳压电源开关，调节 100 kΩ 电位器，立即观察两个毫安表的电流指示情况. 基极回路串入指针式毫安表指示约为_____，集电极回路串入直

流数字式电流表(20 mA 档)的指示约为(3~4)mA.

4. 调节 100 kΩ 电位器,按表 7-1 设置的次序进行测量.

**表 7-1**

|  | 1次 | 2次 | 3次 | 4次 |
|---|---|---|---|---|
| $I_B$ |  |  |  |  |
| $I_C$ |  |  |  |  |
| $I_E$ |  |  |  |  |
| $\bar{\beta}$ |  |  |  |  |
| $\Delta I_B$ |  |  |  |  |
| $\Delta I_C$ |  |  |  |  |
| $\beta$ |  |  |  |  |
| $U_{BE}$ |  |  |  |  |

# 四、实验分析

1. 当 $I_B = 0$ 时,$I_C$ 为多大?为什么 $I_E = 0$?(提示:$I_E = I_B + I_C$)

2. $I_C$ 比 $I_B$ 大还是小? $I_C - I_B$ 等于多少?(提示:用 $\bar{\beta} = \dfrac{I_C}{I_B}$ 估算)

3. 估算 $\Delta I_B$ 和 $\Delta I_C$,并将结果填入表 7-1 中,然后再按 $\beta = \dfrac{\Delta I_C}{\Delta I_B}$ 估算 $\beta$ 值并将结果填入表 7-1 中.什么是三极管的电流控制作用(电流放大作用)? 估算 4 次测量后的电流放大系数 $\beta$.

4. $U_{BE}$ 增大时,$I_B$ 增加,这是为什么?

# 实验八

# 单管共射放大电路测试(一)

## 一、实验目标

1. 认识单管共射放大电路;
2. 连接单管共射放大电路;
3. 在教师指导下,用示波器显示反相放大波形;
4. 体验静态工作点的重要,实测静态工作情况和观察反相放大情况.

## 二、实验准备

1. 实验台(配有直流稳压电源、函数信号发生器、频率计)、电流毫安表两只、万用表、示波器各一个;

2. 三极管(3DG6 或 9013)一个,电阻 100 kΩ 一个,电位器 1 MΩ 一个,电阻 2 kΩ 两个,耦合电容 47 μF 两个.

## 三、实验任务及步骤

1. 先用万用表判断所用三极管的质量(两个 PN 结正向、反向电阻测量并判断其质量好坏).

2. 闭合电源开关,调节直流稳压电源至 15 V(用电压表检测),然后关断电源备用.

3. 如图 8-1 所示,接直流通路,接线检查正确后,接通电源开关.立即观察两个毫安表的电流指示情况,基极回路串入指针式毫安表指示 $I_B$ 约为 50 μA,集电极回路串入直流数字式电流表(20 mA 档)指示 $I_C$ 约为 4 mA.调节 1 MΩ 电位器,观察 $I_B$ 的变化是否会引起 $I_C$ 变化.只要电流控制作用正常,就断电.

4. 熟悉函数信号发生器的使用.

(1) 输出正弦波;

(2) 频率选择 $f_1$、$f_2$ 频段;

(3) 幅度调节旋至最小;

(4) 接地端与直流稳压电源 15 V 负端连;

(5) 函数信号发生器输出端接图 8-2 中 A 点;

(6) 使用时将其开关置于"开"位置.

5. 在直流通路工作正常前提下按图 8-2 接线,示波器也接入.在教师指导下显示 $u_i$、$u_o$ 波形(不失真电压放大波形,反相放大).

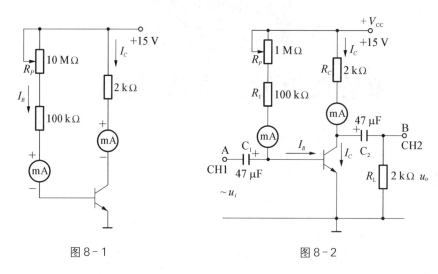

图 8-1　　　　　　　　　图 8-2

6. 实验台配有频率计的使用.

(1) 将其稳压电源开关(电源总开关已接通)置于"开"位置,数码管即显示;

(2) 将电源开关上面的开关置于"内测"位置;

(3) 本次实验要求函数信号发生器输出正弦波信号的频率为 1 000 Hz,若数码管显示不正确,可调节函数信号发生器的"频率调节".

7. 在不失真放大前提下,调节 $R_P$,按表 8-1 测试静态工作点变动范围(表中数据仅作参考,以实测为准).

表 8-1

| 参量<br>次数 | $U_{BE}$(V) | | $I_C$(mA) | | $I_B$(mA) | | $U_{CE}$(V) | |
|---|---|---|---|---|---|---|---|---|
| | 参考 | 实测 | 参考 | 实测 | 参考 | 实测 | 参考 | 实测 |
| 第一次 | 0.68 | | 5 | | 0.05 | | 5.19 | |
| 第二次 | 0.69 | | 6.05 | | 0.06 | | 3.24 | |
| 第三次 | 0.70 | | 6.82 | | 0.07 | | 1.80 | |
| 第四次 | 0.71 | | 7.2 | | 0.09 | | 1.05 | |

## 四、实验分析

1. $U_{BE}$ 增大, $I_B$ 增大, $I_C$ 增大, $U_{CE}$ 减小,这是为什么?

2. 每一次测量以后估算 $\bar{\beta} = ? \beta = ? U_{CE} = V_{CC} - I_C R_C = ?$

3. 在图 $8-1$ 中 $U_{CE}$ 的最小值是多少? $I_C$ 的最大值是多少?

4. 实测中不失真反相放大时, $U_{CE} = ? I_B = ? I_C = ?$(依据实验确定)

## 实验九

# 单管共射放大电路(二)

## 一、实验目标

1. 调节静态工作点,使三极管工作在放大状态,并测出 $U_{BEQ}$、$I_{BQ}$、$I_{CQ}$、$U_{CEQ}$;

2. 会使用函数信号发生器;

3. 会使用频率计;

4. 会用示波器显示不失真放大情况下的输入、输出电压波形.

## 二、实验准备

1. 接好共射放大电路的直流通路(可参照图 8-1),检查接线正确后,通电调试 $R_P$,使 $I_C = 4\text{ mA}$,然后断电;

2. 函数信号发生器一台使其输出正弦小信号 $f = 1\,000\text{ Hz}$(输出幅度应很小)、频率计一台、双踪示波器一台;

3. 频率计一台,使其显示函数信号发生器输出正弦信号频率为 $1\,000\text{ Hz}$;

4. 双踪示波器一台;

5. 连接导线若干.

## 三、实验任务及步骤

1. 按图 9-1 连接线路.

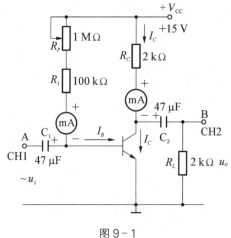

图 9-1

2. 接通示波器电源,使其工作在双踪显示状态,光屏上出现两根亮线,其他旋钮不动.

3. 接通电路,打开函数信号发生器、频率计的电源,将示波器 CH1 通道接到函数信号发生器输出,将其电压/度开关置于"20 mV"档,再调节函数信号发生器幅度调节旋钮,使光屏上出现 $u_i$ 波形,其峰-峰值为 20 mV.

4. 接通电路电源.

5. 调节示波器 CH2 通道电压/度开关,使其置于"0.2 V"或"0.5 V"档,适当调节水平位移及 CH1、CH2 位移,使 $u_i$、$u_o$ 显示在光屏上,若还有其他不能解决的问题,应在指导老师帮助下解决.

6. 待光屏上的 $u_o$ 波形稳定显示后,读出 $u_{op-p}$ 值和 $u_{ip-p}$ 值.

$u_{op-p} =$ _____ div× _____ V/div= _____ V;

$u_{ip-p} =$ _____ div× _____ V/div= _____ V.

7. 粗略估算电压放大倍数:

$$A_u = \frac{- u_{op-p}}{u_{ip-p}} = \underline{\qquad}.$$

## 四、实验小结

1. 单管共射放大电路中小信号 $u_i$ 是如何进行电压放大的(用箭头表示电压放大原理)?

2. 电路中没有直流电源能放大电压吗? 为什么?

3. 电路中没有三极管能放大电压吗? 为什么?

4. 电路中 $R_C = 0$，输出电压 $U_o = ?$

5. 写出示波器 XJ4632 所用开关旋钮 28、13、14、12、17、24、22、26、25、19、20 的名称、位置.

6. $A_u$ 有哪几种表示公式?

# 分压偏置式共射式放大电路测试

## 一、实验目标

1. 调节静态工作点,使三极管工作在放大状态,并测出 $U_{BEQ}$、$I_{BQ}$、$I_{CQ}$、$U_{CEQ}$;
2. 会使用函数信号发生器;
3. 会使用频率计;
4. 会用示波器显示输入、输出电压波形.

## 二、实验准备

1. 已接好共射放大电路的直流通路,检查接线正确后,通电调试 $R_P$,使 $I_C = 2\,\text{mA}$,然后断电;
2. 函数信号发生器一台使其输出正弦小信号 $f = 1\,000\,\text{Hz}$,输出幅度应很小;
3. 频率计一台,使其显示函数信号发生器输出信号频率为 $1\,000\,\text{Hz}$;
4. 双踪示波器一台;
5. 连接导线若干.

## 三、实验任务及步骤

1. 将直流稳压电源调节至 12 V,然后断电备用.
2. 按图 10 - 1 连接线路.

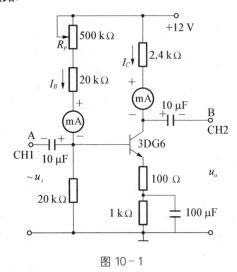

图 10 - 1

（1）给电路接上电源电源 12 V.

（2）用万用表直流电压档（或直流数字电压表）测三极管各极电位：

$V_B =$ ＿＿＿＿＿ $V,V_E =$ ＿＿＿＿＿ $V,V_C =$ ＿＿＿＿ V.

估算电压：$U_{BE} =$ ＿＿＿＿＿ $V,U_{CE} =$ ＿＿＿＿ V.

判断电路中所用三极管工作在＿＿＿＿状态.

（3）接通函数信号发生器的电源，将其输出正弦小信号为：$u_{ip-p} = 20$ mV、$f = 1\,000$ Hz.

（4）打开示波器电源开关，将 CH1 信号通道接 A、地两端，将 CH2 信号通道接 B、地两端，显示输入、输出电压波形.

示波器 XJ4632 型面板上主要旋钮、开关位置的调节建议如下：

① CH1 信号通道电压/度开关置于"20 mV"档，CH1 信号通道电压/度微调置于"校准"位置；

② CH2 信号通道电压/度开关置于"0.2 V"档，CH2 信号通道电压/度微调置于"校准"位置；

③ 时间/度开关置于"0.5 ms"档，时间/度微调于"校准"位置；

④ 其他旋钮开关如下：双踪显示按下"CHOP"，自动扫描按下"AUTO"，耦合开关置于"AC 耦合"，触发源置于"CH1".

（5）观察显示 $u_i$、$u_o$ 波形.

适当调节函数信号发生器幅度，使 $u_{ip-p} = 20$ mV（即 1 div），并记录

$u_{op-p} =$ ＿＿＿＿ div×0.2 V/div ＿＿＿＿＿ V，

$$A_u = \frac{-u_{op-p}}{u_{ip-p}} = \underline{\qquad}.$$

# 四、实验分析

1. 电路中 $u_o$ 比 $u_i$ 大，其相位如何？

2. 该电路将电压放大了多少倍?

3. 该电路的优点是什么?

実验十一

# 集成运放电压传输特性测试

## 一、实验目标

1. 认识集成运放的外形及引出端排列；
2. 实测集成运放 LM358 的电压传输特性；
3. 学会使用示波器 X - Y 显示方式.

## 二、实验准备

1. 直流稳压电源一台；
2. 集成运放 LM358 一块；
3. 函数信号发生器一台；
4. 示波器一台；
5. 频率计一台；
6. 连接导线若干.

## 三、实验任务及步骤

1. 先将直流稳压电源调置 15 V,断电备用.
2. 按图 11-1 和图 11-2 连接线路.

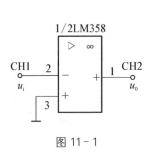

图 11-1

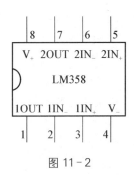

图 11-2

（1）将＋15 V 接至集成运放 LM358 的第 8 端；

（2）直流电源电压的负端作为地端接至集成运放 LM358 的第 4 端；

（3）集成运放 LM358 的第 3 端、函数信号发生器的地端都应与直流电源电压负端共地.

3. 将函数信号发生器电源开关打开,使其输出 $f = 1\,000$ Hz 的正弦波信号,用频率计内测显示后,将幅度调节旋钮旋至最小,将这个信号加到集成运放 LM358 的第 2 端.

4. 将示波器 15 号开关即 X－Y 工作方式开关按下,使示波器工作在非扫描工作状态下,即 X 轴显示的电压,不是扫描电压,它是由 CH1 通道输入的电压,并将 CH1 的电压/度开关置于"1 V"档(现场可调节).

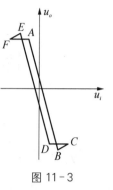

图 11－3

5. 将 CH2 的电压/度开关置于"5 V"档,CH2 通道探头接集成运放 LM358 的第 1 端.

6. CH1 和 CH2 通道的黑夹子应与直流电源电压负端共地.

7. 调节函数信号发生器的幅度,示波器光屏上应显示集成运放的电压传输特性,如图11－3所示.

## 四、用交流毫伏表测线性输入范围

1. 将 $u_i$ 减小,小到示波器上只显示线性部分;

2. 将交流毫伏表置于"100 mV"档,黑夹子接地,红夹子接集成运放 LM358 的第 2 端(即 IN_ 端),测得 $U_i =$ _____.

3. 将交流毫伏表置于"10 V"档,黑夹子接地,红夹子接集成运放 LM358 的第 1 端(即 OUT 端),测得 $U_o =$ _____.

4. 估算可得 $A_{od} =$ _____.

## 五、实验小结

1. 集成运放电压传输特性有哪两个传输区域? 它们各呈现什么特点?

2. 电源为±15 V 的集成运放,已知 $A_u = 10^4$,求该集成运放线性工作时输入电压的范围是多少?

3. 本次实测集成运放 LM358 的线性输入电压为多少? 为什么线性输入很小?

# 集成运放构成的放大电路测试

## 一、实验目标

1. 了解集成运放线性应用必须接成闭环负反馈;
2. 显示反相输入和同相输入时输入输出电压波形,并测出其闭环电压放大倍数;
3. 进一步熟悉示波器的使用.

## 二、实验准备

1. 直流稳压电源一台(采用±5 V);
2. 集成运放 LM358 一块(其他型号运放也可以,引出端编号随型号而定);
3. 电阻 10 kΩ 一个,1 kΩ 两个;
4. 函数信号发生器一台(输出 $f = 1\,000$ Hz 正弦信号,幅度较小,$U_{ip-p}$ 约 0.1 V);
5. 示波器一台(双踪显示);
6. 频率计一台;
7. 万用表一只;
8. 连接导线若干.

## 三、实验任务及步骤

1. 用直流电压表检测直流稳压电源是否为±5 V,若正确,断电备用.

2. 将函数信号发生器电源开关打开,幅度调节旋钮旋至较小,频率计置于内测(也可以用其他办法测其频率),频率计显示 1 000 Hz,断电备用.

3. 打开示波器预热,按下扫描工作方式,使示波器光屏上显示两条光迹(示波器不要断电).

4. 按图 12-1 所示电路接线(断电接线).

5. 检查线路.

6. 通电测试(主要调节示波器各旋钮位置),使光屏上显示两个反相、幅度不同的正弦波(建议 V1/div=50 mV,V2/div=0.5 V).

7. 测试记录:$U_{im} = $ _____ , $U_{om} = $ _____ ,估算闭环电压放大倍数 $A_{uF} = $ _____ .

8. 然后按图 12-2 接线,再次完成实验的第 5、6、7 步.

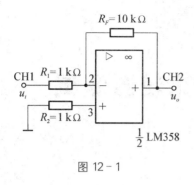

图 12 - 1

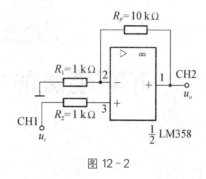

图 12 - 2

# 四、实验小结

1. 为什么图 12 - 1 中 $u_o$ 与 $u_i$ 波形相位相反？

2. 集成运放图 12 - 1 中 $U_N$ 端(反相输入端)呈现什么特征？

3. 为什么图 12 - 2 中 $u_o$ 与 $u_i$ 波形相位相同？

4. 图 12 - 1 中若 $R_F = R_1$，写出 $u_o$ 与 $u_i$ 的关系式.

5. 图 12 - 2 中若 $R_F = 0$，写出 $A_{uF} = ?$

实验十三

# 开环接法的电压比较器测试

## 一、实验目标

1. 认识开环接法同相输入过零电压比较器电路(反相输入也可以);
2. 实测该电压比较器输入、输出电压波形,并分析波形幅值;
3. 进一步熟悉示波器使用.

## 二、实验准备

1. 双电源供电(±5 V),直流稳压电源一台(或用实验台上的稳压电源);
2. 集成运放 LM358 一块(其他型号也可,查手册确定其电源电压);
3. 函数信号发生器一台;
4. 示波器一台(双踪显示);
5. 频率计一台;
6. 万用表一只;
7. 电阻 1 kΩ 两个;
8. 连接导线若干.

## 三、实验任务及步骤

1. 打开直流稳压电源开关,用直流电压表检测±5 V供电是否正常,数值是否正确. 若正确,断电备用.

2. 打开函数信号发生器电源开关,幅度调节旋钮旋至较小. 打开实验台上频率计电源,并将其上面开关打到内测,使频率计显示函数信号发生器输出正弦小信号的频率为 1 000 Hz,然后断电备用.

3. 打开示波器电源开关预热,使它工作在扫描工作方式,其他旋钮、开关位置的调节建议如下(参见示波器 XJ4632 面板示意图):

(1) 垂直方式选择开关置于"CHOP"位置;

(2) 触发方式选择开关置于"连续扫描",即自动扫描(AUTO)位置;

(3) 时间/度开关(t/div 开关)置于"0.5 ms"或"1 ms"档;

(4) 触发源选择开关置于"CH1"(或 VERT)触发位置;

(5) 信通 1、2 输入耦合开关置于"AC 耦合"位置;

（6）信号通道 1 电压/度开关置于"1 V"档；信号通道 2 电压/度开关置于"5 V"档；

（7）将信号通道 1 探头勾子接 $u_i$ 端，黑夹子接地端；

（8）将信号通道 2 探头勾子接 $u_o$ 端，黑夹子接地端.

4. 按图 13 - 1 接线（断电接线）.

5. 检查线路正确后通电测试，无异常情况出现时进行调试测量. 若有异常情况出现，应立即切断电源.

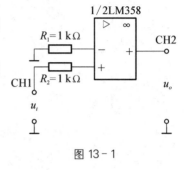

图 13 - 1

（1）调节示波器相关旋钮开关，使光屏上出现 $u_i$、$u_o$ 稳定的、幅度周期读数方便的波形.

（2）测量并记录（光屏上 $u_i$、$u_o$ 的幅度、周期）.

$u_i$ 的幅度 $U_{im} = $ ＿＿＿＿＿＿＿，$u_i$ 的周期 $T_i = $ ＿＿＿＿＿＿＿.

$u_o$ 的幅度 $U_{om} = $ ＿＿＿＿＿＿＿，$u_o$ 的周期 $T_o = $ ＿＿＿＿＿＿＿.

## 四、实验小结

1. 图 13 - 1 中，输入 $u_i$ 为正弦波，$U_{REF} = 0$ V，输出 $u_o$ 为什么是方波，并与 $u_i$ 同相？

2. 这种开环接法的电压比较器的优点是什么？缺点是什么？

3. 若电路改为反相输入过零电压比较器，试画出电路及 $u_i$、$u_o$ 的波形.

# 低频 OTL 功率放大电路

## 一、实验目标

1. 测量 OTL 功率放大电路静态工作情况;
2. 显示 OTL 功放电路不失真放大情况;
3. 验证电路中三极管工作状态是否在放大状态.

## 二、实验准备

1. 低频 OTL 功放电路示教板一块;
2. 直流稳压电源(±5 V)一台;
3. 直流毫安表一只;
4. 函数信号发生器一台;
5. 频率计一台;
6. 双踪示波器一台;
7. 万用表一只;
8. 连接导线若干.

## 三、实验任务及步骤

1. 打开直流稳压电源开关,用直流电压表检测±5 V 是否正常,数值是否正确. 若正确,断电备用.

2. 打开函数信号发生器、频率计电源开关,使函数信号发生器输出 $f = 1\,000$ Hz 的正弦小信号,$U_{ip-p} = 20$ mV,然后断电备用.

3. 按图 14 - 1 连接线路(断电接线),并检查线路.

4. 打开示波器电源开关预热,使它工作在扫描工作方式,其他开关应置于的位置与电压放大实验时类似,使示波器光屏上显示两条水平光迹.

5. 检查线路正确后通电测试,当毫安表指示为几十毫安、示波器光屏上有不失真反相放大波形后,按表 14 - 1 进行静态电位测试.

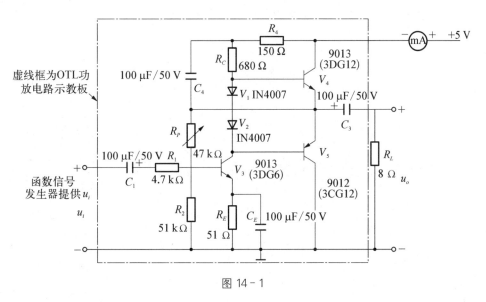

图 14 - 1

**表 14 - 1**

|  | $V_B(\text{V})$ | $V_E(\text{V})$ | $V_C(\text{V})$ | 估算 $U_{BE}(\text{V})$ | 估算 $U_{CE}(\text{V})$ | 判别工作状态 |
|---|---|---|---|---|---|---|
| 3DG6<br>（电压放大三极管） |  |  |  |  |  |  |
| 3DG12<br>（OTL 电路中 NPN 型管） |  |  |  |  |  |  |
| 3CG12<br>（OTL 电路中 PNP 型管） |  |  |  |  |  |  |

6. 在示波器光屏上读出 $U_{om} = \dfrac{1}{2}U_{op-p} =$ _____ V，换算成有效值 $U_o =$ _____ V，

信号周期 $T =$ _____ ms，直流毫安表指示为 _____ mA.

7. 估算输出功率 $P_o = \dfrac{U_o^2}{R_L} =$ _____ .

## 四、实验小结

1. 这次功放实验中，直流电源供给直流功率是多大？

2. (选做)这次功放实验中,该电路能量转换效率 $\eta$ 值是多少?

3. 第一级电压放大级电压放大倍数 $A_{u1} = ?$

4. OTL 功放电路中三极管有何作用?

5. 图 14 - 1 中,3DG6 管构成的这一级起什么作用?

# 集成功率放大器 LM386 的简单应用(选做)

## 一、实验目标

1. 认识集成功放外形及引出端的排列;
2. 熟悉集成功放 LM386 的简单应用.

## 二、实验准备

1. 直流稳压电源一台;
2. 集成功放 LM386 一块;
3. 集成音乐电路一块(俗称音乐片);
4. 交流毫伏表一个;
5. 电容 1 μF、100 μF 各一个,喇叭 8 Ω/0.25 W 一个.

## 三、实验电路

图 14 - 2 为 LM386 功放电路.

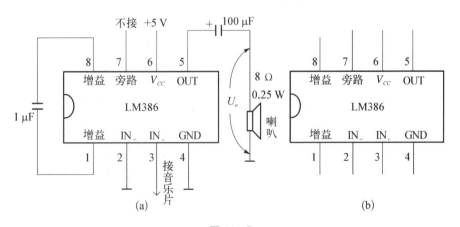

图 14 - 2

## 四、实验任务及步骤

1. 按图 14 - 2 接线(断电接线),并检查线路.
2. 查线正确后通电测试.

3. 听声音：音乐片信号接至 LM386 第 3 端，音乐片声音放大.

4. 交流毫伏表测 $U_o = $ _____，可估算功率 $P_o = \dfrac{U_o^2}{R} = $ _____.

5. 用示波器观察负载电压波形.

# 五、实验小结

1. 图 14 - 2 中若 +5 V 电压加到 LM386，但不接音乐片，喇叭有声音吗？

2. 若 LM386 不加 +5 V 电压，但接音乐片，喇叭有声音吗？

3. 说明功率放大的实质是什么.

# RC 正弦波振荡电路测试

## 一、实验目标

1. 连接由运放构成的 RC 振荡电路；
2. 能用示波器显示输出电压及选频正反馈电压波形；
3. 用示波器粗测正弦波信号周期及幅度；
4. 通过负反馈强弱的调节，观察电路起振、停振及对波形失真的改善.

## 二、实验准备

1. 双电源供电（±5 V），直流稳压电源一台（或用实验台上的稳压电源）；
2. 集成运放 LM358 一块（其他型号也可，查手册确定其电源电压值）；
3. 双踪示波器一台；
4. 万用表一只；
5. 电阻 1 kΩ 两个，5.1 kΩ 一个，20 kΩ 一个，6.8 kΩ 一个；
6. 电位器 100 kΩ 一个；
7. 电容器 0.33 μF 两个；
8. 连接导线若干.

## 三、实验任务及步骤

1. 打开直流稳压电源开关，用直流电压表检测±5 V 供电是否正常，数值是否正确. 若正确，断电备用.

2. 打开示波器电源开关预热，使它工作在扫描工作方式，其他开关建议如下调节：

(1) 垂直方式选择开关置于"CHOP"位置；

(2) 触发方式选择开关置于"连续扫描"，即自动扫描（AUTO）位置；

(3) 时间/度开关置于"1 ms"档；

(4) 触发源选择开关置于"CH1"（或 VERT）触发位置；

(5) 信通 1、2 输入耦合开关置于"AC 耦合"位置；

(6) 信号通道 1、2 的电压/度开关置于"0.5 V"档；

(7) 将信号通道 1 探头勾子接 $u_F$ 端，黑夹子接地端；

(8) 将信号通道 2 探头勾子接 $u_o$ 端，黑夹子接地端.

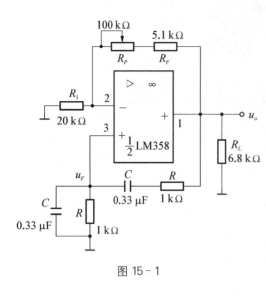

图 15-1

3. 按图 15-1 接线(断电接线).

4. 检查线路正确后通电测试,无异常情况出现即可调试.若有异常情况出现,应立即切断电源.

5. 调节 $R_P$,使光屏上出现两个同相正弦波,幅度不同.若光屏上没有波形,耐心调节 $R_P$ 的大小,一定会有起振、改善失真(停振)的现象出现,一直调到有稳定的正弦波位置(调节 $R_P$ 要慢).

6. 记录输出电压幅度 $U_{om} =$ ＿＿＿＿ V,记录选频正反馈电压 $u_F$ 的幅度 $U_{Fm} =$ ＿＿＿＿ V,记录正弦波信号的周期 $T =$ ＿＿＿＿ ms.

## 四、实验小结

1. 估算实验电路 $u_o$ 的周期和频率.

2. 选频正反馈电压 $u_F$ 的幅度与输出电压 $u_o$ 幅度之比是多少?

3. 要产生正弦振荡必须满足哪两个条件?

4. 从电路结构组成来讲,RC 正弦振荡必须有哪 3 个部分组成?

# 实验十六

# 三端固定式集成稳压器测试

## 一、实验目标

1. 认识三端固定式集成稳压器(外形、引出端、型号);
2. 连接桥堆整流、电容滤波、三端固定稳压电路;
3. 观察、检测 CW7805 的稳压作用(用其他型号也可).

## 二、实验准备

1. 工频交流供电电源(有效值为 10 V、14 V 各一组,其他值也可,只要符合桥堆输入要求);
2. 三端集成稳压器 CW7805(或 CW7905)一块;
3. 直流数字电压表或万用表一只,双踪示波器一台;
4. 直流毫安表一只;
5. 桥堆(输入 3~30 V)一只;
6. 滤波电容 220 μF;
7. 电阻 1 kΩ 和电位器 1 kΩ 各一个;
8. 连接导线若干.

## 三、实验任务及步骤

1. 鉴别桥堆质量.

(1) 用万用表"R×1 K"档测试桥堆交流输入端电阻应为趋近无穷大,测桥堆直流输出端正反向电阻相差很大,这说明桥堆是好的;

(2) 结论:所用桥堆质量是_____的.

2. 检查滤波电容质量.

(1) 用万用表"R×100"档测电容 220 μF 质量,指针先向右偏转再向左回转,说明电容充电现象正常,电容是好的;

(2) 结论:所用滤波电容质量是_____的.

3. 用万用表交流档(量程 50 V)测电源供电是否正常,并记录交流供电电压有效值为_____V,测后断电备用.

4. 打开示波器电源开关预热,垂直方式选择开关选择"CH1"按下,V1/div 开关置于"1V"

档,t/div 开关置于"5 ms"档,其他开关适当放置,使示波器出现一条光迹.

5. 按图 16-1 接线(断电接线).

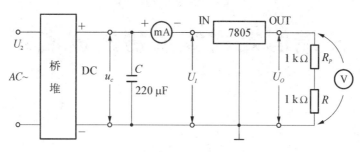

图 16-1

6. 检查线路正确后通电测试,观察毫安表指示及示波器 CH1 通道电容滤波电压 $u_c$ 波形(适当调节示波器旋钮 V1/div 为"1 V"档,t/div 为"5 ms"档).

7. 按表 16-1 和表 16-2 进行测试,并在表格中填写测量出的结果.

(1) $U_2$ 一定,变化 $R_P$(即 $R_L$ 由 1 kΩ 变化至 2 kΩ).

表 16-1

| $R_P(\text{k}\Omega)$ | $R_L(\text{k}\Omega)$ <br> ($R_L = R_P + R$) | $I(\text{mA})$ | $U_o(\text{V})$ | 功 能 说 明 |
|---|---|---|---|---|
| 1 | | | | |
| 0 | | | | |

(2) $R_L = 2\,\text{k}\Omega$ 一定,变化 $U_2$.

表 16-2

| $U_2(\text{V})$ | $I(\text{mA})$ | $U_o(\text{V})$ | 功能说明 |
|---|---|---|---|
| 10 | | | |
| 14 | | | |

## 四、实验小结

1. 三端集成稳压器 CW7805 在输入电压变化多大范围内是稳压的(学会查阅元器件手册)?

2. CW7805 的输出电流 $I_o$ 为多少？CW78L05 的输出电流 $I_o$ 为多少？CW78M05 的输出电流 $I_o$ 为多少？

3. 试画出 CW7905 稳压电路.

4. 实验中三端集成稳压器 CW7805 起到了什么作用？

实验十七

# 集成基本门电路功能测试

## 一、实验目标

1. 认识集成与门、或门、非门的外形和引出端；

2. 熟悉数字电路实验的有关设施（电平开关、电平显示等）；

3. 测试与门、或门、非门功能.

## 二、实验准备

1. 十六位逻辑电平开关（用于电路输入端）：往上供高电平，即 1 态；往下供低电平，即 0 态；

2. 十六位逻辑电平显示（用于电路输出端）：发光二极管亮表示 1 态，高电平；发光二极管不亮表示 0 态，低电平；

3. 万用表（直流数字电压表也可）；

4. 连接导线若干；

5. 集成块 74LS08、CC4071、CC4069 各一块（其他型号也可，引出端编号随型号而定）.

## 三、实验任务及步骤

1. 测试 74LS08 与门的功能.

(1) 认识 74LS08 引出端排列图（图 17-1）；

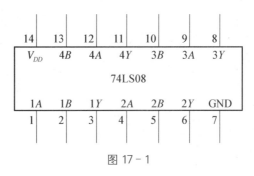

图 17-1

(2) 将 74LS08 的第 14 端接 +5 V，第 7 端接地；

(3) 将实验台上 +5 V 与 +5 V 连接（使十六位逻辑电平开关、逻辑电平显示有电源）；

(4) 将74LS08的第1端、第2端接十六位电平开关中任意两个;将74LS08的第3端接逻辑电平显示.

按真值表要求操作电平开关(做4次,即4个与门功能都要测到),并将测试结果 Y 的状态填入表17-1至表17-4中.

表 17-1

| 1A<br>1 端 | 1B<br>2 端 | 1Y(LED 灯)<br>3 端 |
|---|---|---|
| 0 下 | 0 下 | 0 暗 |
| 0 下 | 1 上 | 0 暗 |
| 1 上 | 0 下 | 0 暗 |
| 1 上 | 1 上 | 1 亮 |

表 17-2

| 2A<br>4 端 | 2B<br>5 端 | 2Y(LED 灯)<br>6 端 |
|---|---|---|
| 0 下 | 0 下 |  |
| 0 下 | 1 上 |  |
| 1 上 | 0 下 |  |
| 1 上 | 1 上 |  |

表 17-3

| 3A<br>9 端 | 3B<br>10 端 | 3Y(LED 灯)<br>8 端 |
|---|---|---|
| 0 下 | 0 下 |  |
| 0 下 | 1 上 |  |
| 1 上 | 0 下 |  |
| 1 上 | 1 上 |  |

表 17-4

| 4A<br>12 端 | 4B<br>13 端 | 4Y(LED 灯)<br>11 端 |
|---|---|---|
| 0 下 | 0 下 |  |
| 0 下 | 1 上 |  |
| 1 上 | 0 下 |  |
| 1 上 | 1 上 |  |

2. 测试 CC4071(CD4071)或门的功能.

(1) 认识 CC4071 引出端排列图(图 17-2);

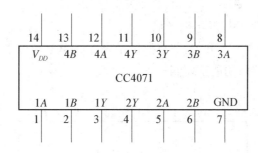

图 17-2

(2) 将 CC4071 的第 14 端接 +5 V,第 7 端接地;

(3) 将 CC4071 的第 1 端、第 2 端接十六位电平开关中任意两个;

(4) 将 CC4071 的第 3 端接逻辑电平显示;

(5) 按真值表要求操作电平开关,并将测试结果 Y 的状态填入表 17-5 至表 17-8 中.

(6) 做 4 次,即 4 个或门功能都要测.

表 17-5

| 1A<br>1 端 | 1B<br>2 端 | 1Y(LED 灯)<br>3 端 |
|---|---|---|
| 0 下 | 0 下 | 0 暗 |
| 0 下 | 1 上 | 1 亮 |
| 1 上 | 0 下 | 1 亮 |
| 1 上 | 1 上 | 1 亮 |

表 17-6

| 2A<br>5 端 | 2B<br>6 端 | 2Y(LED 灯)<br>4 端 |
|---|---|---|
| 0 下 | 0 下 | 0 暗 |
| 0 下 | 1 上 | 1 亮 |
| 1 上 | 0 下 | 1 亮 |
| 1 上 | 1 上 | 1 亮 |

表 17-7

| 3A<br>8 端 | 3B<br>9 端 | 3Y(LED 灯)<br>10 端 |
|---|---|---|
| 0 下 | 0 下 | 0 暗 |
| 0 下 | 1 上 | 1 亮 |
| 1 上 | 0 下 | 1 亮 |
| 1 上 | 1 上 | 1 亮 |

表 17-8

| 4A<br>12 端 | 4B<br>13 端 | 4Y(LED 灯)<br>11 端 |
|---|---|---|
| 0 下 | 0 下 | 0 暗 |
| 0 下 | 1 上 | 1 亮 |
| 1 上 | 0 下 | 1 亮 |
| 1 上 | 1 上 | 1 亮 |

3. 测试 CC4069 非门的功能.

(1) 认识 CC4069 引出端排列图(图 17-3);

(2) 将 CC4069 的第 14 端接 +5 V,第 7 端接地;

(3) 将 CC4069 的第 1 端接十六位电平开关中任意一个;

(4) 将 CC4069 的第 2 端接逻辑电平显示;

(5) 按真值表要求操作电平开关,并将测试结果 Y 的状态填入表 17-9 至表 17-14 中.

(6) 做 6 次,即 6 个非门功能都要测.

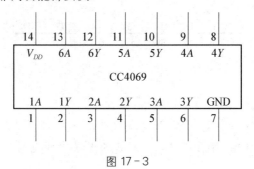

图 17-3

表 17－9

| 1A<br>1 端 | 1Y(LED 灯)<br>2 端 |
|---|---|
| 0 下 | 1 亮 |
| 1 上 | 0 暗 |

表 17－10

| 2A<br>3 端 | 2Y(LED 灯)<br>4 端 |
|---|---|
| 0 下 | |
| 1 上 | |

表 17－11

| 3A<br>5 端 | 3Y(LED 灯)<br>6 端 |
|---|---|
| 0 下 | |
| 1 上 | |

表 17－12

| 4A<br>9 端 | 4Y(LED 灯)<br>8 端 |
|---|---|
| 0 下 | |
| 1 上 | |

表 17－13

| 5A<br>11 端 | 5Y(LED 灯)<br>10 端 |
|---|---|
| 0 下 | |
| 1 上 | |

表 17－14

| 6A<br>13 端 | 6Y(LED 灯)<br>12 端 |
|---|---|
| 0 下 | |
| 1 上 | |

## 四、实验小结

1. 从 74LS08、CD4071、CD4069 的功能测试中回答与门、或门、非门的功能口诀.

2. 如果将与门 $(Y_1 = A \cdot B)$ 的输出再接到非门,则非门输出与 $AB$ 的逻辑关系式如何?用功能口诀说明一下.

3. 如果将或门 $(Y_2 = A + B)$ 的输出再接到非门,则非门输出与 $AB$ 的逻辑关系式如何?用功能口诀说明一下.

实验十八

# 三人表决器逻辑电路的构成

## 一、实验目标

1. 能按三人表决器的功能要求,勾画逻辑电路;
2. 会检测所用元器件的质量;
3. 会连接三人表决器电路;
4. 会验证电路实现的逻辑功能.

## 二、实验准备

1. 直流稳压电源一台(或用实验台上的稳压电源);
2. 集成块 74LS00、74LS20 各一块;
3. 万用表一只;
4. 三位开关信号提供(实验箱或实验台提供);
5. 连接导线若干.

## 三、实验任务及步骤

1. 用直流电压表测直流稳压电源电源+5 V 供电是否正常?若正常即断电备用.

2. 将实验台上电源的+5 V 与显示部分电源的 +5 V 连接.

3. 按功能要求构思电路.

(1) 设 A、B、C 为三人操作的开关,拨上开关(电路输入 1,高电平)表示同意,不按开关(开关拨在下,低电平)表示不同意,Y 为表决结果(按少数服从多数原则表决),用灯显示,灯亮(输出为 1)为通过,灯暗为否决.

(2) 列写真值表如表 18-1 所示.

表 18-1

| 输 入 | | | 输 出 |
|---|---|---|---|
| A | B | C | Y |
| 0 | 0 | 0 | |
| 0 | 0 | 1 | |
| 0 | 1 | 0 | |

| 输 入 | | | 输 出 |
|---|---|---|---|
| A | B | C | Y |
| 0 | 1 | 1 | |
| 1 | 0 | 0 | |
| 1 | 0 | 1 | |
| 1 | 1 | 0 | |
| 1 | 1 | 1 | |

(3) 由真值表写出逻辑函数与或表达式:

Y= _____.

(4) 化简逻辑函数表达式,本实验要求用与非-与非表达式(尽可能根据自己已有的元器件进行化简).

Y= _____.

4. 完成实验电路. 完成该功能的电路有多种,并不唯一. 现以 74LS00 和 74LS20 为例.

(1) 电路图如图 18-1 所示.

(2) 按图 18-1 连接电路,并检查线路.

(3) 通电测试,检查能否按表 18-1 实现功能.

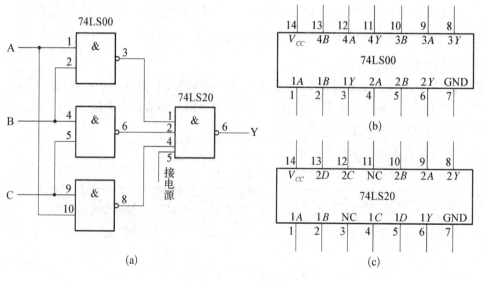

图 18-1 三人表决器

## 四、实验思考

参与表决 A、B、C 三人中 A 为主评委,按少数服从多数原则表决,而且只要主评委不同意,则表决不通过(即 $Y=0$),试重新构思该电路并列写真值表,化简并画出逻辑电路.

# 优先编码、译码显示功能测试

## 一、实验目标

1. 认识集成优先编码器、显示译码器的外形和引出端的排列;
2. 连接优先编码器、显示译码器电路;
3. 测试优先编码器功能;
4. 测试显示译码器功能.

## 二、实验准备

1. 直流稳压电源一台(或用实验台上的稳压电源);
2. 集成块 CD4532、CD4511 各一块(其他型号也可,引出端编号随型号而定);
3. 万用表一只;
4. 八位开关信号提供(实验箱或实验台提供);
5. 共阴接法数码管一个;
6. 连接导线若干.

## 三、实验电路

图 19 - 1 为优先编码、显示译码电路.

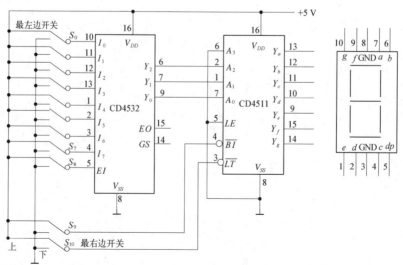

图 19 - 1

电子技术基础与技能练习(实验)

## 四、实验任务及步骤

1. 用直流电压表测直流稳压电源＋5 V供电是否正常？若正常即断电备用.

2. 将实验台上＋5 V与显示部分电源 ＋5 V 连接.

3. 按图19-1接线：

(1) 将CD4532和CD4511的16端接＋5 V,8端接地；

(2) 将CD4532的$I_0 \sim I_7$端、$EI$端、CD4511的$\overline{BI}$端、$\overline{LT}$端接实验台上16个电平开关中的11个；

(3) 将CD4532的$Y_2$、$Y_1$、$Y_0$与CD4511的$A_2$、$A_1$、$A_0$端相连,CD4511的$A_3$端接地；

(4) 将CD4511的7个输出端与数码管的相应段连接.

4. 测试CD4532和CD4511的功能,按表19-1进行.

表 19-1

| 测 试 内 容 | 开 关 位 置 | 数码管状态 | 功 能 | 备 注 |
|---|---|---|---|---|
| 1. 测试CD4511的试灯功能 | 只需$S_{10}$向下($\overline{LT}$端接地) | 每一段都亮,显示 8 | 试灯 | 测试后$S_9$向上 |
| 2. 测试CD4511的消隐功能 | $S_{10}$向上,$S_9$向下($\overline{BI}$端接地) | 每一段都暗 | 消隐 | $S_9$向上,$S_{10}$向上 |
| 3. 测试CD4532的优先编码功能及CD4511的译码显示功能 | $S_9$、$S_{10}$向上,$S_8$向上,$EI$端为1态,CD4532允许编码,$S_7$开关向上 | 数码管显示 7（输入待编中级别最高） | 允许编码对$I_7$优先编码,译码显示 7 | 拨动$S_0$至$S_6$开关位置,显示7不会变 |
| 4. 测试CD4532的优先编码功能及CD4511的译码显示功能 | $S_9$、$S_{10}$向上,$S_8$向上,$EI$端为1态,$S_3$、$S_4$开关向上,其他开关向下 | 数码管显示 4 | 对$I_4$优先编码,译码显示 4 | 拨动$S_2$、$S_1$、$S_0$向上,显示4不会变 |
| 5. 测试CD4532不允许编码功能 | $S_9$、$S_{10}$向上,$S_8$向下 | 数码管显示 0 | 不允许编码 | 拨动$S_0$至$S_7$开关位置,数码管显示不变 |

## 五、实验小结

1. CD4511 $\overline{LT}$端能实现什么功能？怎样实现？

2. CD4511 怎样实现消隐功能?

3. 图 19 - 1 中,怎样实现 CD4532 优先编码,并由 CD4511 译码显示? 即说明开关 $S_9$、$S_{10}$、$S_8$ 为什么要拨在向上位置? 不向上拨会产生什么问题?

4. CD4532 输入什么信号? 输出什么信号?

5. CD4511 输入什么信号? 输出什么信号?

**20**
实验二十

# D 触发器应用(触摸式灯光控制电路)

## 一、实验目标

1. 认识集成 D 触发器 CD4013 的外形、引出端的排列;
2. 连接触摸式灯光控制电路,测试其功能;
3. 测试 D 触发器功能.

## 二、实验准备

1. 直流稳压电源一台(或用实验台上的稳压电源);
2. 集成块 CD4013 一块;
3. 万用表一只;
4. 单次脉冲信号提供(由实验台提供)替代人触摸金属片效果;
5. 电阻 1 MΩ、10 kΩ 各一个;
6. 电容 1 μF、0.01 μF 各一个($C_1$ 的容量可以大些,如 3.3 μF、4.7 μF 都可以);
7. 连接导线若干.

## 三、实验电路

图 20 - 1 为触摸式灯光控制电路.

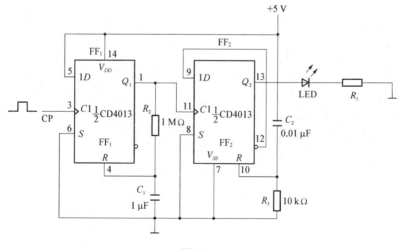

图 20 - 1

## 四、实验任务及步骤

1. 用直流电压表测直流稳压电源+5 V供电是否正常？若正常即断电备用.

2. 将实验台上+5 V与显示部分电源 +5 V 连接.

3. 按图20-1接线,并检查线路.

4. 查线正确后,通电实验.接通+5 V直流电源,按单次脉冲上升沿,则灯变亮,再按一次,则灯由亮变暗.

5. 测试并记录触发器FF$_1$输出端 $Q_1$ 的状态:

(1) 按一次单次脉冲,$Q_1$端为0～5 V或0～4.4 V都可给FF$_2$一个上升沿,$Q_2$端为1态(约为5 V),灯就亮.经过一定时间 $Q_1$ 端为0 V.

(2) 第二次按单次脉冲,$Q_2$状态不变的原因是两次按单次脉冲时间太短,FF$_1$的 $Q_1$ 端还没有恢复到0态,对FF$_2$没能形成0～1的上升沿,$Q_2$端状态不变.即要求两次按单次脉冲有一定时间间隔.

## 五、实验小结

1. 说明集成块CD4013可实现哪些功能?

2. 图20-1中,触发器FF$_1$当CP脉冲上升沿来到时,$Q_1$端呈现什么状态? 随着时间增长,$Q_1$端为什么会呈现0态?

3. 图20-1中,触发器FF$_2$接成了T'FF实现什么功能?

4. 当 LED 灯点亮后，要使 LED 灯熄灭应再次给触发器 $FF_2$ 输入什么信号？

5. 假如灯点亮后，马上就按单次脉冲，灯不能灭，这是为什么？

# 由 JK 触发器构成 T′ 触发器

## 一、实验目标

1. 认识集成 JK 触发器 74LS112 的外形、引出端的排列;
2. 完成由 JK 触发器构成 T′ 触发器的连接;
3. 用示波器显示 T′ 触发器的功能;
4. 测量 $Q$ 端信号周期 $T$ 和 CP 脉冲周期.

## 二、实验准备

1. 直流稳压电源一台(或用实验台上的稳压电源);
2. 集成块 74LS112 一块;
3. 万用表一只,双踪示波器一台;
4. 连续脉冲信号提供(CP 脉冲,脉冲频率约为 250 Hz);
5. 连接导线若干.

## 三、实验电路

图 21-1 为由 JK 触发器构成 T′ 触发器电路.

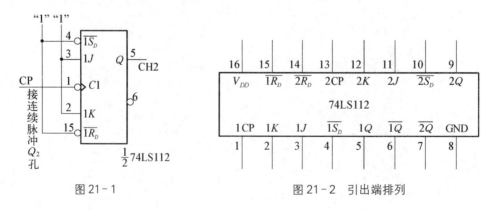

图 21-1

图 21-2　引出端排列

## 四、实验任务及步骤

1. 用直流电压表测直流稳压电源 +5 V 供电是否正常? 若正常即断电备用.
2. 将实验台上脉冲信号接 +5 V,使连续脉冲有输出,将频率范围开关拨到 1 KHz 的位置,将频率细调调至频率约为 250 Hz.

3. 打开实验台上的频率计(或用频率计测量也可)电源开关,将测量内、外开关打在外测,将连续脉冲信号由 $Q_2$ 孔接至频率计输入,此时频率计马上显示连续方波脉冲信号频率约为 250 Hz.

4. 接通示波器电源,按下"CHOP",t/div 置于"2 ms"档,V1/div 和 V2/div 分别置于"5 V"档,按下连续扫描"AUTO"或"NORM"(触发扫描)键,使触发源处在"CH1"位置,信道 1、信道 2 输入耦合置于在"DC 耦合",然后等待使用.

5. 按图 21-1 连接线路,并检查线路.

6. 查线正确后,接通电源.示波器 CH1 通道接连续脉冲 $Q_2$ 孔,CH1 通道应显示出周期 $T_{CP}$ 约为 4 ms(可能比 4 ms 大一点,也可能比 4 ms 小一点)的方波脉冲,CH2 通道应显示出周期 $T$ 约为 8 ms(即 $T=2T_{CP}$)的方波脉冲.

7. 观察 CP 下降沿来到时,74LS112 的 $Q$ 端状态的翻转情况.

8. 用频率计测 $f_{cp}=$ _____Hz,$Q$ 端输出信号 $f=$ _____Hz.

## 五、实验小结

1. 在图 21-1 所示电路中,JK 触发器实现什么功能?

2. 画出 CP 脉冲与 $Q$ 端输出脉冲的频率和波形.

3. 由波形图看出 $Q$ 端输出波形的周期 $T_Q=$? CP 脉冲的周期 $T_{CP}=$?

4. 由波形图分析集成块 74LS112 中的 JK 触发器是上升沿触发,还是下降沿触发?

# 74LS112 构成异步二位二进制计数器

## 一、实验目标

1. 熟悉异步二位二进制计数器的连接；
2. 观察异步二进制加法计数规律；
3. 观察异步二进制减法计数规律.

## 二、实验准备

1. 直流稳压电源一台(或用实验台上的稳压电源)；
2. 集成块 74LS112、CD4511 各一块，数码管(共阴接法)一个；
3. 万用表一只；
4. 单次脉冲信号提供；
5. 连接导线若干.

## 三、实验电路

图 22-1 为异步二位二进制加法计数器电路.

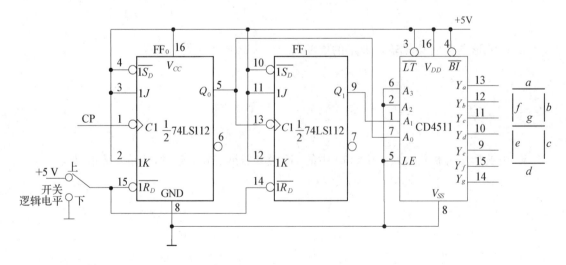

图 22-1

## 四、实验任务及步骤

1. 用直流电压表测直流稳压电源+5 V 供电是否正常？若正常即断电备用.

2. 按图 22-1 连接线路,并检查线路.

3. 查线正确后,接通电源. 数码管有数字显示,拨动 74LS112 第 15 端接的开关向下,使数码管显示 0,再将开关拨上.

4. 不断拨动单次脉冲,数码管显示为 0、1、2、3、0、1、2、3…,实现了二位二进制加法计数,断电.

5. 将电路改接为异步二位二进制减法计数(即 74LS112 的第 13 端接到第 6 端即可).

6. 接通电源,数码管有数字显示,拨动接置 0 开关向下,使数码管显示 0,再将开关拨上.

7. 不断拨动单次脉冲,数码管显示为 3、2、1、0、3、2、1、0…,实现了二位二进制减法计数.

## 五、实验小结

1. 要实现三位二进制加法计数需用几个触发器？

2. 列出三位二进制加法计数的真值表.

3. 由 74LS112 组成三位二进制加法计数的 $FF_0$ 的 CP 是由哪里提供的？ $FF_1$、$FF_2$ 的 CP 又是从哪里取得的？

# 同步十进制可逆计数器
# CC40192 功能测试

## 一、实验目标

1. 认识集成计数器 CD40192 的外形、引出端的排列；
2. 测试 CD40192 的逻辑功能；
3. 利用预置数功能实现 $N < 10$ 以下的任意进制计数.

## 二、实验准备

1. 直流稳压电源一台（或用实验台上的稳压电源）；
2. 集成块 CD40192 一块；
3. 万用表一只；
4. 脉冲信号源提供单次脉冲；
5. 连接导线若干.

## 三、实验电路

图 23-1 为 CD40192 功能测试电路.

## 四、实验任务及步骤

1. 用直流电压表测直流稳压电源＋5 V 供电是否正常？若正常即断电备用.

2. 按图 23-1 连接线路，并检查线路.

3. 查线正确后，接通电源. 对 CD40192 进行功能测试：

（1）按下 SB1，即 $CR$ 端开关接通高电平，然后弹开. 其他输入端处于任意状态，CD40192 实现异步清零功能，数码管显示 0.

（2）将 $CR$ 端接 0 态，$\overline{LD}$ 端接的开关 $S_2$ 拨下，即 $\overline{LD} = 0$ 态；置数数据端 $D_3D_2D_1D_0$ 可拨 0000～1001，输出 $Q_3Q_2Q_1Q_0$ 马上相应为 0000～1001. CD40192 实现异步置数功能，数码管显示 0 至 9 相应数码.

（3）将 $CR$ 端保持原来状态，即 $CR = 0$ 态，$\overline{LD}$ 端接的开关 $S_2$ 拨上，即 $\overline{LD} = 1$ 态；拨动 $S_7$ 往下将 $CP_D$ 端接电源，即 $CP_D = 1$，将 $S_8$ 往上，$CP_U$ 端接单次脉冲，不断按单次脉冲就可实现同步十进制加法计数，数码管显示数码由 0 至 9 再回到 0.

电子技术基础与技能练习(实验)

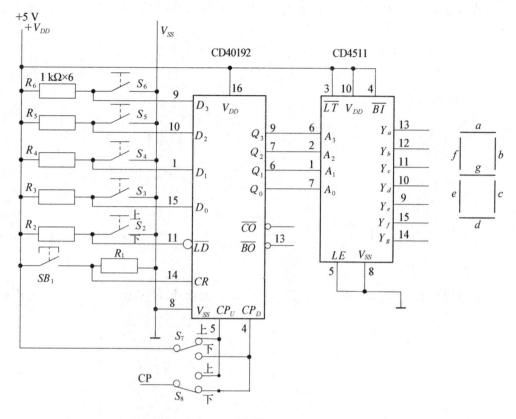

图 23 - 1

（4）将 $CR$ 端开关保持原来状态，即 $CR = 0$ 态，$\overline{LD}$ 端接的开关 $S_2$ 拨上，即 $\overline{LD} = 1$ 态；将 $CP_U$ 端接电源，即 $CP_U = 1$，将 $S_8$ 往下，$CP_D$ 端接单次脉冲，不断按单次脉冲就可实现同步十进制减法计数，数码管显示数码由 9 至 0 再回到 9.

4. 按要求拨动开关 $S_3$、$S_4$、$S_5$、$S_6$ 的位置，使 $D_3 D_2 D_1 D_0$ 等于所要求的起始数，拨动 $\overline{LD}$ 端开关 $S_2$ 向下，使 $\overline{LD}$ 为 0 态，实现异步预置数，使 $Q_3 Q_2 Q_1 Q_0 = D_3 D_2 D_1 D_0$，再拨动 $S_2$ 向上，使 $\overline{LD} = 1$ 态.

5. 将 $CR = 0$ 态，$\overline{LD} = 1$ 态，$CP_U = 1$，$CP_D$ 加脉冲就实现了从起始数（预置数）开始的减法计数. 同样也可以实现从起始数开始的加法计数.

## 五、实验小结

1. 预置数的作用是什么？

2. 若预置数 $D_3D_2D_1D_0 = 0011, CP_D = 1, CP_U$ 加脉冲,能累计几个 CP? 实现几进制计数?

3. 若预置数 $D_3D_2D_1D_0 = 0011, CP_U = 1, CP_D$ 加脉冲,能累计几个 CP? 实现几进制计数?

# 双向移位寄存器 74LS194 功能测试

## 一、实验目标

1. 认识集成双向移位寄存器 74LS194 的外形、引出端的排列；
2. 测试 74LS194 的逻辑功能；
3. 将 74LS194 接成环形计数测试（先置数）.

## 二、实验准备

1. 直流稳压电源一台（或用实验台上的稳压电源）；
2. 集成块 74LS194 一块；
3. 万用表一只；
4. 脉冲信号源提供移位脉冲（单次脉冲）；
5. 连接导线若干.

## 三、实验电路

图 24 - 1 为 74LS194 功能测试电路.

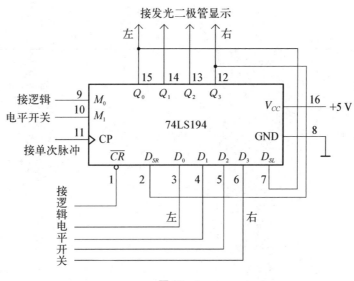

图 24 - 1

## 四、实验任务及步骤

1. 用直流电压表测直流稳压电源＋5 V 是否正常？若正常断电备用.

2. 按图 24－1 连接线路,并检查线路.

3. 查线正确后,接通电源.按表 24－1 对 CD40192 进行功能测试.

表 24－1

| $\overline{CR}$ | $M_1M_0$ | $D_0D_1D_2D_3$ | CP | $Q_0Q_1Q_2Q_3$ | 功 能 |
|---|---|---|---|---|---|
| 0 | ×× | ×××× | | 0 0 0 0 | 直接清零 |
| 1 | 11 | 1 0 0 0 | ↑ | 1 0 0 0 | 同步置数 |
| 1 | 01 | ×××× | ↑ | 0 1 0 0 | |
| 1 | 01 | ×××× | ↑ | 0 0 1 0 | |
| 1 | 01 | ×××× | ↑ | 0 0 0 1 | |
| 1 | 01 | ×××× | ↑ | 1 0 0 0 | 同步右移 |
| | | | | 0 1 0 0 | |
| | | | | 0 0 1 0 | |
| 1 | 01 | ×××× | ↑ | 0 0 0 1 | |
| 1 | 10 | ×××× | ↑ | 0 0 1 0 | |
| 1 | 10 | ×××× | ↑ | 0 1 0 0 | |
| 1 | 10 | ×××× | ↑ | 1 0 0 0 | |
| 1 | 10 | ×××× | ↑ | 0 0 0 1 | 同步左移 |
| | | | | 0 0 1 0 | |
| | | | | 0 1 0 0 | |
| 1 | 10 | ×××× | ↑ | 1 0 0 0 | |
| 1 | 00 | ×××× | ↑ | 1 0 0 0 | 保持 |

## 五、实验小结

1. 74LS194 有哪 5 个功能？

2. $\overline{CR} = 0$, $Q_0Q_1Q_2Q_3$ 是什么状态？

3. $M_1M_0 = 11$, $D_3D_2D_1D_0 = 1\,000$，CP 上升沿来到时，$Q_0Q_1Q_2Q_3$ 是什么状态？实现哪个功能？

4. 当 74LS194 实现左移或右移过程中，改变 $D_3D_2D_1D_0$ 的状态对移动数码有没有影响？

# 555 集成定时器构成多谐振荡电路

## 一、实验目标

1. 认识 555 集成定时器的外形、引出端的排列；
2. 用示波器显示电容电压波形和输出电压波形；
3. 测试多谐振荡电路输出信号的周期和频率.

## 二、实验准备

1. 直流稳压电源一台(或用实验台上的稳压电源)；
2. 555 集成块定时器一块；
3. 万用表一只；
4. 双踪示波器一台；
5. 连接导线若干.

## 三、实验电路

图 25-1 为 555 集成定时器构成多谐振荡电路.

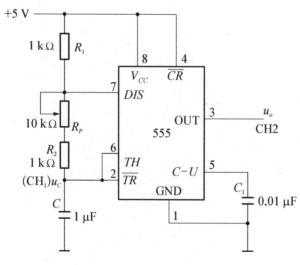

图 25-1

## 四、实验任务及步骤

1. 用直流电压表测直流稳压电源＋5 V 供电是否正常？若正常即断电备用.

2. 按图 25-1 连接线路,并检查线路.

3. 接通示波器电源,按下"CHOP",按下连续扫描"AUTO"或"NORM"(触发扫描)键,将时间/度开关置于"0.2 ms"档,触发源选择"CH1",信通 1、信通 2 都置于"DC 耦合",V1/div置于"0.1 V"档、V2/div 置于"2 V"档,光屏上应显示两条光迹,示波器调节好后不必关断电源,待用.

4. 接通电源,示波器光屏上应显示 $u_c$ 与 $u_o$ 两个波形,把 $u_c$ 与 $u_o$ 波形记录如下(要标幅度):

5. 测量信号周期的调节范围:

$T_{max} = $ _____ , $T_{min} = $ _____ .

## 五、实验小结

1. 555 集成定时器在图 25-1 所示电路中实现哪几个功能？会不会出现直接复位？为什么？

2. 估算 $u_o$ 输出电压的频率范围.

3. 图 25 - 1 所示电路中产生的振荡为什么称为多谐振荡? 它和正弦波振荡有何区别?

# 实 验 答 案

## 实验一　实验小结

1. 用万用表电阻"R×1K"档测二极管电阻,当显示阻值约为几千欧时黑表笔接的哪个极为二极管正级,另一极为负极.

2. 二极管的导电性与外加电压的极性有关,外加正向电压导电性好,外加反向电压导电性很差,几乎不导电.

3. 二极管正偏时,硅管 $U_{VF}$ 约为 0.7 V,碲管约为 0.3 V;二极管反偏时,反向电流 $I_{VR}$ 约为零.

## 实验二　实验小结

1. 二极管在整流电路中起单向导电作用.

2. 1N4007 在该实验中能安全使用.经查 1N4007 的 $I_F = 1$ A, $U_{RM} = 1\,000$ V,电路中实际流过 1N4007 的平均电流 $I_{VF} \approx \dfrac{0.45 \times 10(\text{V})}{1(\text{k}\Omega)} \approx 4.5(\text{mA})$,电路中 1N4007 实际受的反向电压最大值 $U_{VRM} \approx \sqrt{2}U_2 = 1.4 \times 10(\text{V}) = 14(\text{V})$,满足 $U_{RM} \gg U_{VRM}$, $I_F \gg I_{VF}$,故能安全使用.

3. 应将交流电 $U_2$ 的另半波利用,如单相全波整流、单相桥式整流.

## 实验三　实验小结

1. 滤波电容的容量越大,滤波效果越好,输出单向脉动电压的脉动改善,输出直流分量增大,交流成分减小.

2. 因为滤波电容器与负载 $R_L$ 并联后,使负载 $R_L$ 两端电压就是滤波电容器两端电压.又因为滤波电容器两端电压不会突变,只会随时间慢充电增大,慢慢放电减小,这样做使负载 $R_L$ 两端电压(即输出电压)脉动改善了.

3. 滤波电容若是有极性的电容器,并接时要注意极性.

4. 用指针式万用表电阻档测电容器充电情况,通过万用表电阻指示从一开始最小慢慢变到较大某一值,该电容器基本上是好的.电阻档的档级选择视电容器容量大小来定.

## 实验四　实验小结

1. 桥式整流电容滤波输出 $U_o$ 比半波整流电容滤波输出 $U_o$ 大,因为当 $U_2 = 10$ V,桥式整流输出约为 9 V,半波整流输出只约为 4.5 V,整流输出大,滤波后输出也大.

2. 桥堆的 4 个引出端,标有交流符号"～"的两端接交流输入,标有直流符号"⊕"、"⊖"的两端接直流输出.

## 实验七　实验分析

1. 当 $I_B = 0$, $I_C = 0$. 因为 $I_C = \bar{\beta} I_B = \bar{\beta} \times 0 = 0$, $I_E = I_B + I_C = 0 + 0 = 0$.

说明:$I_B = 0$ 时,虽存在穿透电流 $I_{CEO}$,但因为 $I_{CEO}$ 很小,本实验中所用电流表未能指示.

2. $I_C$ 比 $I_B$ 大,$I_C - I_B = \bar{\beta} I_B - I_B = I_B(\bar{\beta} - 1)$.

3. $\Delta I_B = I_{B后次} - I_{B前次}$,$\Delta I_C = I_{C后次} - I_{C前次}$.

较小的基极电流变化引起较大的集电极电流变化,这就是三极管的电流放大作用.

4. $U_{BE}$ 增大时,使三极管发射结正偏电压增大,PN 结正向电流即 $I_B$ 增大.

## 实验八　实验分析

1. 因为 $U_{CE} = V_{CC} - I_C \cdot R_C = 15(\text{V}) - I_C(\text{mA}) \times 2(\text{k}\Omega)$,$I_C$ 增大,$U_{CE}$ 必定减小.

2. $U_{CE\min} = 0 \text{ V}$,$I_{C\max} = \dfrac{15 \text{ V}}{2 \text{ k}\Omega} = 7.5 \text{ mA}$.

## 实验九　实验小结

1. $u_i \uparrow \rightarrow u_{BE} \uparrow \rightarrow i_B \uparrow \rightarrow i_C \uparrow \rightarrow i_C \cdot R_C \uparrow \rightarrow u_{CE} = V_{CC} - i_C R_C \downarrow \rightarrow u_o \downarrow$

（正半周）　　　　　　　　　　　　　　　　　　　　　　　　　负半周

$u_o$ 与 $u_i$ 相位相反,但 $u_o$ 幅度大于 $u_i$ 幅度,实现反相电压放大.

2. 电路中没有直流电源,电路就得不到能量,三极管无电流,当然也无输出.

3. 电路中没三极管不能放大电压,因为没有三极管,电路中无电流放大作用,直流电能不能转换为交流(信号)电能.

4. $R_C = 0$,输出电压 $U_o = 0$.

5. 略.

6. $A_u = \dfrac{u_o}{u_i} = \dfrac{U_o}{U_i} = \dfrac{U_{om}}{U_{im}} = \dfrac{U_{op-p}}{U_{ip-p}}$.

## 实验十　实验分析

1. $u_o$,$u_i$ 相位相反.

2. 根据实验记录的 $U_{op-p}$ 值,用公式 $A_u = -\dfrac{U_{op-p}}{20 \text{ mV}}$ 计算放大了多少倍.

3. 该电路的优点是静态工作点稳定.

## 实验十一　实验小结

1. 集成运放电压传输特性有线性、非线性两个区域.线性区呈现虚短、虚断特点.非线性区呈现特点是虚断依然存在,当 $u_P > u_N$ 时,$u_o = +U_{osat}$(正电压最大值);当 $u_P < u_N$ 时,$u_o = -U_{osat}$(负电压最大值).

2. 集成运放线性工作时,输入电压的范围 $= \dfrac{\pm 15\,(\mathrm{V})}{10^4} = \pm 1.5\,(\mathrm{mV})$.

3. 本次实验测得 LM358 的线性输入电压很小,因为 LM358 的开环差模电压放大倍数很大.

# 实验十二　实验小结

1. 因为 $u_i$ 从集成运放反相端输入.

2. $u_N$ 端呈现虚地特征.

3. 因为 $u_i$ 从集成运放同相端输入.

4. $u_o = -u_i$.

5. $A_{uF} = 1 + \dfrac{R_F}{R_1} = 1$.

# 实验十三　实验小结

1. 图 13-1 所示电路是过零电压比较器,当 $u_i$ 过零点时集成运放输出电压会翻转,又因为 $u_i$ 从运放同相端输入,当 $u_i \geqslant 0$ 时,$u_o = +U_{osat}$;当 $u_i \leqslant 0$ 时,$u_o = -U_{osat}$. 所以 $u_o$ 是与 $u_i$ 同相的方波.

2. 优点是线路简单灵敏度高,缺点是抗干扰能力差.

3. 反相输入过零电压比较器中,若 $u_i$ 是正弦波,那么 $u_o$ 是与 $u_i$ 相位相反的方波.

# 实验十四(a)　实验小结

1. 这次实验中,直流电源供给直流功率 $P_E = +5\,\mathrm{V} \times$ ⓜ 表指示值.

2. 该电路能量转换效率 $\eta = \dfrac{P_o}{P_E}$.

3. $A_{u1} \approx \dfrac{U_o}{U_i}$.

4. OTL 功放电路中三极管工作在大电流状态,三极管的作用是电流放大.

5. 起电压放大作用,把输入电压放大到一定值,供给 OTL 功放,使 OTL 功放的输出电压大,输出电流也大,最终使输出功率大.

# 实验十四(b)　实验小结

1. 无声音.

2. 无声音.

3. 功率放大实质是在输入信号控制下,将电源提供直流能量转换成交流信号功率输出,驱使负载(执行机构)按控制信号要求动作.

## 实验十五　实验小结

1. $u_o$ 的周期 $T = 2\pi RC = 2\pi \times 0.33 \times 10^{-6} \times 1 \times 10^{-3} = 2.072\,4(\text{ms}) \approx 2.1(\text{ms})$.

$u_o$ 的频率 $f = \dfrac{1}{T} = 482.532\,32(\text{Hz}) \approx 483(\text{Hz})$.

2. $\dfrac{u_F}{u_o}$ 约为 $\dfrac{1}{3}$.

3. 某一频率的正反馈电压 $u_F$ 的相位与外加电压 $u_i$ 相位相同；某一频率的正反馈电压 $u_F$ 的幅度与外加电压 $u_i$ 幅度相同.

4. 必须由基本放大电路、选频正反馈网络、负反馈网络三部分组成.

## 实验十六　实验小结

1. CW7805 输入电压变化范围 $(7 \sim 35)\text{V}$.
2. CW7805 的 $I_o$ 为 1.5 A，CW78L05 的 $I_o$ 为 100 mA，CW78M05 的 $I_o$ 为 500 mA.
3. 略.
4. 当电网电压的波动、负载变化、环境温度变化在一定范围内，输出直流电压 5 V 基本不变.

## 实验十七　实验小结

1. 与门口诀：有 0 出 0，全 1 出 1；
   或门口诀：有 1 出 1，全 0 出 0；
   非门口诀：有 0 出 1，有 1 出 0.

2. $Y_1 = \overline{A \cdot B}$.
   上式功能口诀：有 0 出 1，全 1 出 0.

3. $Y_2 = \overline{A + B}$.
   上式功能口诀：有 1 出 0，全 0 出 1.

## 实验十八　实验思考

真值表

| 输入 | | | 输出 |
|---|---|---|---|
| A | B | C | Y |
| 0 | 0 | 0 | 0 |
| 0 | 0 | 1 | 0 |
| 0 | 1 | 0 | 0 |
| 0 | 1 | 1 | 0 |
| 1 | 0 | 0 | 0 |
| 1 | 0 | 1 | 1 |
| 1 | 1 | 0 | 1 |
| 1 | 1 | 1 | 1 |

$$Y = AB\overline{C} + A\overline{B}C + ABC$$
$$= AB + AC$$

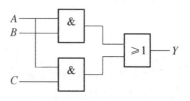

## 实验十九　实验小结

1. CD4511 的 $\overline{LT}$ 端能实现试灯功能,令 $\overline{LT}$ 为 0 态就能实现.

2. 令 CD4511 的 $\overline{BI}$ 端为 0 态就能实现消隐功能.

3. 图 19-1 中,$S_9$ 向上,$\overline{BI}$ 为 1 态不消隐,$S_{10}$ 向上不试灯,$S_8$ 向上 CD4532 允许优先编码. 如果 $S$ 不向上,即 $\overline{BI}=0$,CD4511 消隐,数码不会显示. 如果 $S_{10}$ 不向上,数码管一直显示"8",$S_8$ 不向上,CD4532 禁止编码.

4. CD4532 输入待编信号(开关信号,$I_0 \sim I_7$ 中,1 态表示要编码,0 态信号不编码),CD4532 输出与输入信号相对应的数码(3 位二进制数码).

5. CD4511 输入待译编码信号,输出与输入码相对应段的高电平.

## 实验二十　实验小结

1. CD4013 可实现异步置 0、异步置 1,同步置 0、同步置 1 功能、CD4013 在无 CP 边沿作用时实现保持功能.

2. $Q_1$ 呈现 1 态,随时间增长,$Q_1$ 端经 $R_2$ 对 $C_1$ 充电. 当 $C_1$ 两端电压即 CD4013 直接置 0 端电压达一定值(为 1 态)时,CD4013 实现直接置 0 功能,所以 $Q_1$ 端会呈现 0 态.

3. 实现翻转功能.

4. 输入 CP 脉冲上升沿信号.

5. 这是因为 $FF_1$ 的输出 $Q_1$ 端还没到 0 态,马上按单次脉冲 $Q_1$ 端不可能给 $FF_2$ 输入 CP 脉冲上升沿.

## 实验二十一　实验小结

1. 翻转功能.

2. 两分频波形.

3. $T_Q \approx 8\,\text{ms}$,$T_{CP} = 4\,\text{ms}$.

4. 74LS112 是下降沿触发.

## 实验二十二　实验小结

1. 需用 3 个触发器.

2.

| CP | $Q_2$ | $Q_1$ | $Q_0$ |
|----|-------|-------|-------|
| 0 | 0 | 0 | 0 |
| 1 | 0 | 0 | 1 |
| 2 | 0 | 1 | 0 |
| 3 | 0 | 1 | 1 |
| 4 | 1 | 0 | 0 |
| 5 | 1 | 0 | 1 |
| 6 | 1 | 1 | 0 |
| 7 | 1 | 1 | 1 |

3. $FF_0$ 的 CP 由外加矩形脉冲源(下降沿)供给;

   $FF_1$ 的 CP 由 $FF_0$ 的输出 $Q_0$ 端(下降沿)供给;

   $FF_2$ 的 CP 由 $FF_1$ 的输出 $Q_1$ 端(下降沿)供给.

## 实验二十三  实验小结

1. 预置数作为计数的起始数.
2. 累计七个脉冲,实现七进制计数.
3. 累计四个脉冲,实现四进制计数.

## 实验二十四  实验小结

1. 74LS194 有直接清零、同步置数、同步右移、同步左移、保持等 5 个功能.
2. $Q_0Q_1Q_2Q_3$ 为 0000 状态.
3. $Q_0Q_1Q_2Q_3$ 为 0001 状态,实现同步置数.
4. 没有影响.

## 实验二十五  实验小结

1. 实现复位、置位、保持 3 个功能.不会出现直接复位功能,因为 $\overline{CR}$ 端接 +5 V(固定为 1 态).

2. 输出电压 $u_o$ 的周期 $T \approx 0.7[R_1 + 2(R_P + R_2)] \cdot C$,

$$T_{max} = 0.7[1 + 2 \times (10 + 1)] \times 10^3 \times 1 \times 10^{-6}$$
$$= 0.7 \times 23 \times 10^{-3} = 16.1(ms),$$
$$T_{min} = 0.7[1 + 2 \times 1] \times 10^3 \times 1 \times 10^{-6} = 2.1(ms).$$

$u_o$ 的频率范围如下:  $f_{min} = \dfrac{1}{T_{max}} = \dfrac{1\,000}{16.1} = 62.11(Hz) \approx 62(Hz)$,

$$f_{max} = \frac{1}{T_{min}} = \frac{1\,000}{2.1} = 476.19(Hz) \approx 476(Hz).$$

3. 区别是多谐振荡波形为矩形波,它含许多频率分量(谐波分量).